Je découvre les araignées

Grâce aux araignées, les populations d'insectes présentes dans certains écosystèmes demeurent contrôlées.

Héritage jeunesse

L'araignée des champs

Bonjour ! Approche-toi un peu, toi aussi, et n'aie pas peur, je ne te ferai aucun mal. J'aimerais tout te dire sur nous, les araignées. Tu as sans doute vu des araignées de couleurs et de tailles différentes, par terre, sur un mur ou installées sur leur toile. Aimerais-tu savoir comment nous vivons, chassons et fabriquons notre toile ? Écoute bien, et accompagne-moi dans cette aventure incroyable…

Des insectes à huit pattes

Nous, les araignées, nous sommes différentes des autres insectes puisque nous avons huit pattes, ni plus, ni moins. Notre corps est divisé en deux parties. La partie avant, appelée céphalothorax, porte beaucoup d'éléments : toutes nos pattes, nos nombreux yeux et notre bouche. La partie arrière, appelée abdomen, est molle, et son extrémité est dotée de bosses, appelées filières. Celles-ci servent à produire la soie que nous utilisons pour tisser notre toile.

Voici mon **céphalothorax.** C'est ici que se trouvent mes huit yeux, mes huit pattes et ma bouche.

Mes huit **pattes** sont longues et velues.

Sur mon abdomen,
j'ai des filières qui
produisent de la soie.

Les femelles sont plus grosses que les mâles

Sais-tu que les araignées sont de taille et de forme différentes selon qu'elles sont des mâles ou des femelles ? La « maman » araignée est toujours plus grosse que le « papa » araignée. Il arrive que la différence de taille soit énorme ! On reconnaît la femelle araignée à son gros abdomen arrondi et parfois orné de très jolies couleurs. Le mâle araignée possède un tout petit abdomen allongé, aux couleurs moins attrayantes. De plus, les mâles vivent en général moins longtemps que les femelles. Dommage pour eux !

Toiles 1: la fabrication

Certaines araignées se servent d'une toile pour capturer les insectes. Je fais partie de ce groupe. Je sais comment fabriquer une toile depuis que je suis née, mais personne ne me l'a appris. J'utilise la soie produite par mes filières. À l'aide de mes pattes, j'étire la soie, je me suspends au fil, puis je monte et redescends le long de ce fil. Je fabrique d'abord un cadre solide. J'ajoute ensuite plusieurs fils, en partant du centre et en allant vers le cadre extérieur, pour former une spirale. Les fils de la spirale sont spéciaux, puisqu'ils sont collants.

Toiles 2 : comment ça marche ?

Voilà, cette toile est terminée ! Maintenant, je me place au milieu, je pose mes pattes sur les fils principaux et… j'attends. Un petit papillon est passé par là, mais il a été chanceux, il n'y est pas resté collé. Voyons voir… j'ai détecté un mouvement important. Je m'approche en courant sur la toile (je sais où ce n'est pas collant) et je trouve une grosse mouche bleue, de la viande, en train d'agiter ses pattes prises dans les fils. Quel bon repas ! À table !

Toiles 3 : les différents types

Il existe bien d'autres types de toiles d'araignées que la mienne. Certaines araignées tissent des toiles horizontales afin de surprendre les petits insectes qui prennent leur envol à partir du sol. D'autres attendent leurs proies à l'intérieur de toiles en forme de tunnels. Des insectes, comme les fourmis et les scarabées, peuvent être capturés dans ces tunnels au cours de leurs déplacements. Certaines araignées fabriquent des toiles très irrégulières, pleines de fils collants, dans lesquelles les insectes sont pris au piège. La toile tissée par l'araignée de maison, dans le coin d'une pièce, en est un exemple.

L'araignée d'eau

Une de mes amies araignées a une vie surprenante. C'est la seule araignée au monde qui bâtit sa maison de soie sous l'eau ! Au milieu des plantes de l'étang, elle tisse une petite toile en forme de cloche, remplie de bulles d'air. Elle rapporte ces bulles du rivage, en les retenant entre les poils de son corps. Mon amie passe presque tout son temps à l'intérieur de la cloche, à attendre qu'un insecte ou un petit poisson passe par là et soit capturé. Les petits de cette araignée naissent même sous l'eau !

De la soie pour tout

Les araignées peuvent produire différents types de soie. Nous pouvons fabriquer des fils plus ou moins solides, plus ou moins collants et plus ou moins épais. Lorsque nous nous déplaçons sur les plantes ou au sol, nous transportons un fil de soie solide et non collant, appelé fil de sécurité, au cas où nous tomberions ou voudrions nous rendre ailleurs. Pour produire le cocon de soie renfermant nos œufs, nous utilisons au moins deux types de soie. À l'extérieur, le fil est très solide, épais et difficile à pénétrer ; à l'intérieur, en revanche, il est doux afin de protéger les œufs.

À table !

Observe bien la face d'une araignée. Tu remarqueras que nous avons deux éléments semblables à de petites pattes qui nous aident à détecter et à toucher notre nourriture. Juste à l'entrée de la bouche, nous avons deux autres éléments qui ressemblent à des dards. Ceux-ci ne nous servent pas à mastiquer les aliments, mais à paralyser à l'aide de venin l'insecte que nous venons de capturer. Nous l'enroulons dans un fil très solide et lui injectons un liquide spécial, qui le transforme en nourriture liquide. En fait, les araignées « boivent » les mouches plutôt qu'elles ne les mangent !

Un petit ami en difficulté

En plus d'être petit comparativement à la femelle araignée et d'avoir une vie plus courte qu'elle, le mâle n'est pas toujours bien reçu par sa « petite amie », qui n'a pas une très bonne vue et le prend souvent pour un repas. Les mâles emploient diverses astuces pour arriver à s'approcher de leur amie sans se faire manger.

Certains exécutent une danse spéciale, juste pour elle. D'autres lui apportent un cadeau (une mouche enveloppée dans de la soie) pour la distraire. D'autres encore attendent qu'elle n'ait plus faim pour s'en approcher… et pourtant, les mâles finissent souvent par se faire manger par leur petite amie. C'est la vie !

Un sac pour protéger les œufs

Après être allée avec le papa araignée, la maman araignée est prête à pondre une masse d'œufs qu'elle place dans un sac de soie. Celui-ci est très solide à l'extérieur, un peu foncé, et bien protégé contre les voleurs d'œufs parce qu'il est difficile pour eux d'y pénétrer. À l'intérieur, au contraire, la soie est douce comme de la ouate. Certaines mères abandonnent les sacs lorsqu'elles ont fini de les fabriquer tandis que d'autres les collent à leur toile pour les protéger ou encore les transportent derrière elles, au niveau de leurs filières. Certaines, aussi, cessent de manger et transportent dans leur bouche le sac protégeant leurs œufs partout où elles vont. C'est incroyable !

La nouvelle famille

Au bout d'un certain temps, une toute petite araignée presque identique à ses parents, mais en miniature, sort de chaque œuf. Au début, les petites araignées restent ensemble. Certaines araignées prennent soin de leurs petits. Par exemple, elles les transportent sur leur abdomen pour qu'aucun d'entre eux ne se perde, ou les surveillent dans une toile d'araignée fabriquée spécialement pour eux. Certaines mamans les nourrissent même. Quand elle a grossi un peu, chaque petite araignée lance un fil dans l'air et attend que le vent la transporte plus loin. Certaines ne s'envolent qu'à quelques mètres, tandis que d'autres peuvent parcourir des kilomètres ainsi.

Les mues

Tout comme les autres insectes, les araignées doivent subir des mues pendant leur croissance. Quand elles sont prêtes, elles forment une nouvelle peau sous l'ancienne. Puis, elles gonflent leur corps jusqu'à ce que l'ancienne peau se fende le long de leur dos. L'araignée sort par cette fente, en laissant une peau vide. Tu en as peut-être vu en te promenant dans la nature. La nouvelle peau est plus douce et plus grande, et avant que cette peau ne sèche complètement, l'araignée en profite pour grossir.

Un tas d'yeux et de poils

Une des choses étonnantes chez nous, les araignées, c'est le nombre d'yeux que nous pouvons avoir. Certaines d'entre nous en ont deux, d'autres quatre ou six, mais le plus souvent, nous en avons huit. Nos deux yeux avant sont en général les plus gros. Notre vue n'est pas très bonne, sauf chez les araignées sauteuses, qui ont une excellente vision. Notre sens du toucher est cependant très développé. Chacun des nombreux poils présents sur notre corps et nos pattes nous permet de détecter les moindres vibrations de la toile et mouvements de la brise. D'autres poils nous servent à percevoir les odeurs.

Des chasseuses sans toiles

Certaines araignées ne se contentent pas d'attendre sans bouger que des insectes se prennent à leur piège. Les araignées sauteuses et les araignées-loups pourchassent leurs victimes et une fois qu'elles sont suffisamment proches, elles leur sautent dessus et les mangent. Les araignées-crabes attendent,

cachées parmi les fleurs, et se camouflent en prenant une couleur tellement semblable à celle des pétales que même les humains ne peuvent pas les voir. Quand une petite abeille ou un papillon s'approche pour butiner le nectar, vlan ! Elles sautent vite sur l'insecte et l'attrapent par le cou pour qu'il ne puisse pas s'échapper.

Pas si méchantes que ça

Tu as sans doute entendu des histoires horribles sur les araignées venimeuses qui mordent et blessent les gens. En fait, nous ne sommes qu'un insecte comme un autre. Nous n'attaquons personne, mais nous nous défendons si nous avons peur ou remarquons que quelqu'un attaque nos jeunes araignées. Il existe quand même des araignées dangereuses, comme la veuve noire ou la mygale, mais tu devrais simplement faire attention à ne pas déranger les araignées lorsque tu en trouves dans la nature. En réalité, la plupart d'entre nous sommes bénéfiques, en raison de la quantité d'insectes que nous éliminons.

J'espère que chacun de vous a aimé cette histoire. À plus tard !

DES DÉTAILS INTÉRESSANTS SUR LES ARAIGNÉES

Il existe plus de 40 000 espèces d'araignées. Elles sont présentes dans la majorité des écosystèmes terrestres, mais n'ont pas colonisé les milieux aériens et marins. En ce qui concerne leur taille, elle peut varier de moins d'un demi-centimètre à plus de 25 centimètres (incluant la longueur de leurs pattes).

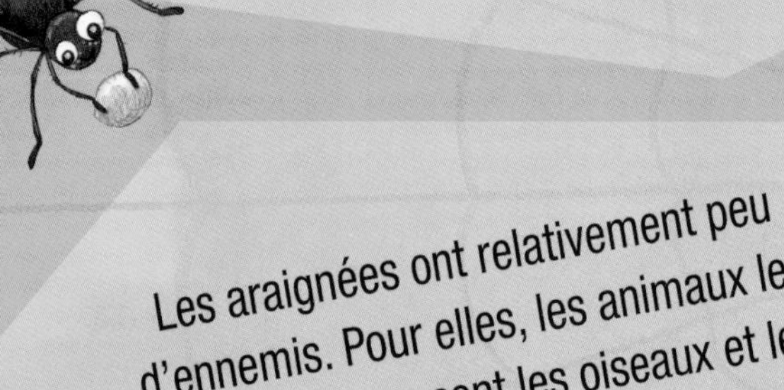

La soie des araignées est un matériau léger, mais très résistant (plusieurs fois plus résistant que l'acier). Depuis très longtemps, les humains ont tenté sans succès de fabriquer une fibre artificielle dotée des caractéristiques exceptionnelles de la soie d'araignée.

Les araignées ont relativement peu d'ennemis. Pour elles, les animaux les plus dangereux sont les oiseaux et les guêpes chasseuses d'araignées. Les araignées sont en général d'une couleur terne leur servant de camouflage face à leurs ennemis. Pour éviter d'être facilement chassées, certaines araignées trompent leurs prédateurs en se cachant loin du centre de leur toile, à l'intérieur d'une feuille séchée ou sous une branche.

La grande majorité des araignées sont solitaires et n'hésitent pas à manger des membres de la même espèce qu'elles. Toutefois, certaines araignées forment des sociétés. Celles-ci sont loin d'être aussi complexes que les sociétés des fourmis ou des termites, mais sont plutôt des colonies dans lesquelles la proie est partagée par les membres. Ces colonies ont l'avantage de permettre de tendre de grandes toiles, tissées par tous les individus.

À l'exception d'une espèce récemment classée comme herbivore, les araignées sont carnivores. Selon leur espèce, elles utilisent un large éventail de stratégies pour chasser leur proie : elles tissent des toiles, construisent des pièges en forme de tunnels, tendent des toiles collantes, attendent leur proie en se camouflant dans les fleurs, pourchassent leur proie et lui sautent dessus, se déguisent comme les fourmis pour vivre parmi elles et les manger… Les méthodes de chasse sont nombreuses.

Des recherches sont effectuées sur le venin des araignées pour éventuellement s'en servir comme insecticide naturel. Les araignées font également l'objet de recherches en vue de leur application dans le domaine médical, pour lutter contre les maladies du cœur et du système nerveux (par exemple, la maladie d'Alzheimer).

Je découvre les araignées

Texte : ***Alejandro Algarra***
Illustrations : ***Daniel Howarth***
Traduction : ***Claudine Azoulay***
Révision : ***Ginette Bonenau***
Conception : ***Gemser Publications***

Pour le Canada
© Les éditions Héritage inc. 2010
300, rue Arran, Saint-Lambert
(Québec) J4R 1K5

Nous reconnaissons l'aide financière du gouvernement du Canada, par l'entremise du Programme d'aide au développement de l'industrie de l'édition (PADIÉ), pour nos activités d'édition.

ISBN : 978-2-7625-9022-7

Imprimé en Chine